インプレス R&D ［NextPublishing］

技術の泉 SERIES
E-Book / Print Book

テストが書けない人の
Android MVP

高畑 匡秀 著

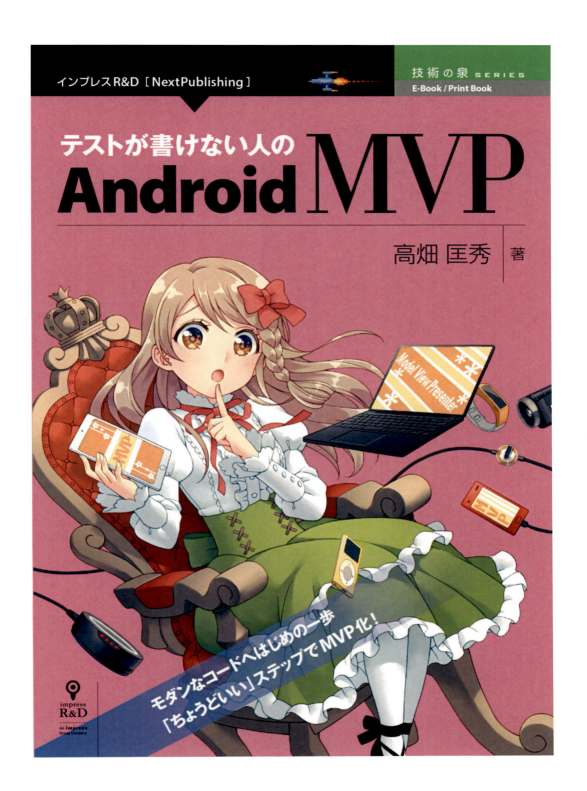

モダンなコードへはじめの一歩
「ちょうどいい」ステップでMVP化！

目次

まえがき ·· 4

なぜこの本を書こうとしたのか ···················· 4

対象読者 ·· 4

なぜMVPなのか ·· 4

お問い合わせ ·· 4

ソースコード ·· 5

免責事項 ·· 5

表記関係について ·· 5

底本について ·· 5

第1章　本書でのMVP ···································· 6

MVPとは？ ·· 6

　　　さらにUseCase層を追加するパターン ······· 7

　　　実際にこの設計通りに実装できるの？ ········ 8

MVPのパッケージ構成 ································· 9

本書で使用するmockライブラリー ·············· 10

第2章　MVP化の心得 ···································· 12

心得1：ViewとPresenterのインターフェースを「声に出して」抽出する ··· 12

心得2：可能な限りViewにifを書かない ········· 13

心得3：Presenterのビジネスロジックの心得 ··· 14

心得4：Humble Objectパターン ················· 15

第3章　シングルトンの依存切り離し ·············· 16

シングルトンクラスの辛いところ ·················· 16

コンストラクタインジェクション ·················· 17

静的setメソッドの導入 ······························· 18

インターフェースの抽出 ······························ 19

ラップクラスで包む ···································· 21

シングルトンクラスのメソッドにContextの引数が ··· 23

この章のまとめ ·· 23

第4章　staticメソッド依存の排除 ················· 25

staticメソッドの辛いところ ························· 25

普通のクラスに変える ································· 26

移譲用インスタンスメソッドの導入 …………………………………………… 28

ラップクラス ………………………………………………………………………… 31

すべてのstaticが悪ではない ……………………………………………………… 32

問題ないstatic ………………………………………………………………… 32

罠のあるstatic ………………………………………………………………… 32

第5章　コールバックをテスト …………………………………………………… 34

インターフェースコールバックをテストする ………………………………… 34

Timer処理もテストする …………………………………………………………… 37

余裕があればリポジトリーパターンに置き換え ……………………………… 39

第6章　外部ライブラリー依存 …………………………………………………… 42

サードパーティのライブラリーをそのまま使ってはいけない ……………… 42

ラップクラスで包むまたはリポジトリーパターンに置き換え ……………… 42

コンストラクタインジェクションする ………………………………………… 43

第7章　MVPを実践してみる …………………………………………………… 44

太ったActivityのMVPへ置き換える …………………………………………… 44

次のステップへ ……………………………………………………………………… 54

あとがき ………………………………………………………………………………… 57

参考文献 ………………………………………………………………………………… 57

まえがき

なぜこの本を書こうとしたのか

　昨今のAndroidの設計はMVPやMVVMといわれてますが、実際には多くのプロジェクトでのプログラムはそのような構造化がなされていません。ActivityにViewの操作、通信ライブラリーの呼び出し、トラッキングログなどを詰め込むといった、いわゆるマッチョなActivity化したプロジェクトがほとんどではないでしょうか？そのようなプロジェクトをいきなりMVP化して、通信ライブラリーにRetrofitとRxを組み合わせ、Dagger2によるDIを導入するのは大変です。

　一方、筆者が所属する組織でも歴史のあるプロダクトを扱っていますが、本書で紹介するパターンを当てはめることにより、ほぼPresenterにテストを書ける状態になっています。

　最初からいきなりモダンな作りにしなくても、モダンな作りを行う前の準備段階として、いかにソースコードをテスタブルな状態にして将来的にDagger2に置き換えられるかについて、本書でレガシーパターンのリファクタリング例を紹介することで、少しでも皆さんのプロジェクトの助けになれば幸いです。

対象読者

この本は次のような悩みを抱えている方にとって助けになるでしょう
- Androidのソースコードがレガシー化していて今時のMVPに置き換えたいけど、何から手を付ければいいのかわからない人
- MVPにしてみたけどPresenterにView側の処理が入り込んだりして、何が変わったのかわからない人
- MVPにしてみたけど、結局テストコードが書けない人
- Dagger2とかRxJavaを使わないとテストは書けないと思っている人

なぜMVPなのか

　まず、なぜMVPなのでしょうか。それは、肥大化したActivityを分割する最初のステップとして「ちょうどいい」からです。また、MVP化が成功すればその時点で適切にViewとModelによる処理を分割できているということなので、楽にMVVMに移行できるでしょう。その意味で、MVP化はおすすめなのです。

　また、適切にコードが分割されているMVPは特別なライブラリーの知識を必要としないので、素早くキャッチアップできます。コードレビューに関しても、何をどこに書けばいいのかがはっきりしているので、レビューがスムーズになるはずです。

お問い合わせ

　本書に関するお問い合わせは https://twitter.com/masahide318 にお願いします。

ソースコード

　本書で紹介したソースコードは、次のリポジトリで公開しています。実際にテストコードを実行することが可能なので、あわせてごらんください。

・https://github.com/masahide318/AndroidTestMVP

免責事項

　本書に記載された内容は、情報の提供のみを目的としています。したがって、本書を用いた開発、製作、運用は、必ずご自身の責任と判断によって行ってください。これらの情報による開発、製作、運用の結果について、著者はいかなる責任も負いません。

表記関係について

　本書に記載されている会社名、製品名などは、一般に各社の登録商標または商標、商品名です。会社名、製品名については、本文中では©、®、™マークなどは表示していません。

底本について

　本書籍は、技術系同人誌即売会「技術書典5」で頒布されたものを底本としています。

第1章　本書でのMVP

MVPとは？

> MVPについて十分な知識がある方は、この章をスキップしても構いません。

MVPとは「**M**odel」「**V**iew」「**P**resenter」の頭文字をとったものです。それぞれの意味は、

- **Model**：Presenterから使用されるコンポーネントで、ネイティブアプリではリポジトリであることが多く、Viewが必要とするデータのCRUD操作などを行う。
- **View**：クリックイベントなどをPresenterに伝える。自らが公開しているView更新のインターフェースをPresenterから呼びださせて、画面描画系の処理のみを記述する。
- **Presenter**：Viewからイベントを受け取り、必要なModelを操作して処理を行う。その結果をViewに伝え画面の操作を行う。ビジネスロジックはここに集約される。

これらの3クラスが、それぞれインターフェースでお互いの実態を知らずに緩やかに結びついているのがもっとも健全な状態といえるでしょう。この説明だけでは、当然なことを言っているだけのように感じるかもしれません。図1.1で表現してみます。

図1.1: class_diagram

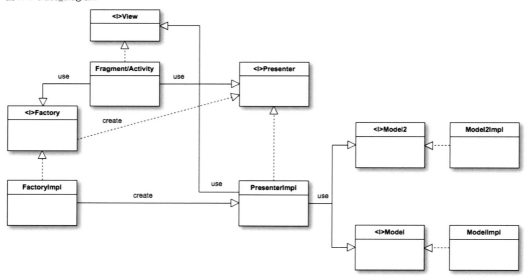

図1.1の動きを説明すると
- <I>と頭についてるものはインターフェースを表します
- useはそのクラスが矢印の先にあるクラスを使用することを表します

・createはオブジェクトの生成を表します

このクラス図で伝えたいことは、次の2点です。

①Viewは、インターフェースのPresenterと、インターフェースのFactoryしか知らない

ViewであるFragment/Activityは、FactoryがcreateするPresenterが何者か知らず、Presenterの中でどのようなビジネスロジックが実行されるのか知りません。

Viewから見ると、自分の中で発生するクリックのイベントやタッチのイベントをPresenterに伝えると、いい具合に自分の見た目を変えてくれるメソッドを呼んでくれるらしい、ということです。

Factoryに関しては、もしプロジェクトですでにDIライブラリーが導入されているのなら、Factoryクラスを用意せずにPresenterの生成はDIに任せてしまうのがよいでしょう。

②PresenterImplは、インターフェースのModelと、インターフェースのViewしか知らない

PresenterはViewが何者か知らないし、Modelが何者かも知りません。

Presenterから見れば、Viewと呼ばれるものはFragmentかもしれないしActivityかもしれない。はたまたブラウザーかもしれないし、白黒のコンソールかもしれないしiOSのViewControllerかもしれない。

Modelと呼ばれるものがWebAPI、データベース、ファイル、メモリーやその他、実態が何なのかわからないが、何かのビジネスロジックを実行してくれるものに見えています。

つまり、これらの登場人物たちは、自分が使用しているオブジェクトの実態を知らないということです。

極論をいえば、WebアプリのViewをiOSのViewControllerにして、Model部分の実態をUserDefaultやWebAPIにすれば、Presenterのビジネスロジックに何も変更を加えなくてもiOSアプリに移植できます。逆にViewをHTMLにしてModel部分をMySQLなどに差し替えれば、Presenterのビジネスロジックを何も変更を加えなくてもWebアプリに移植できます。

これが理想的なMVPの形といえるでしょう。

さらにUseCase層を追加するパターン

PresenterがModelを直接操作するのではなく、さらにUseCase層を使って、PresenterはUseCaseのみを操作するパターンもあります。

第1章 本書でのMVP 7

図 1.2: usecase

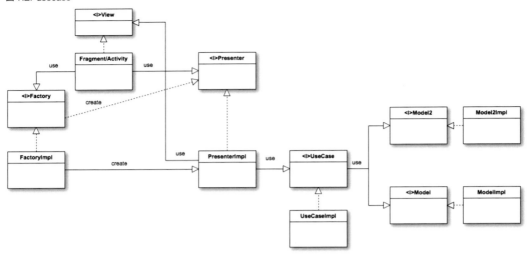

　アプリの規模にもよりますが、このパターンを適用した場合、UseCaseのメソッドがModelのメソッドを単に移譲しているだけになり、UseCaseを書くのが面倒に感じるかもしれません。当初は、UseCase層について考えなくてももよいでしょう。

実際にこの設計通りに実装できるの？

　少数精鋭のチームならば可能かもしれません。
　しかし一般的に、ここまでお互いのクラスをインターフェースでつなぐ方針（特にUseCase層も用意する場合）は、携わるチーム全員が相当意識を高くもたないと、すぐにインターフェースを介さずに実オブジェクトと依存性を強くもったプログラムを書いてしまうでしょう。
　また、既存のコードのなかにいきなりインターフェースが大量に出てくるのは、書き方の面で他のプログラムとの間の差に違和感を覚えてしまう人も多いと思います。
　筆者は最初のstepとして、無理にすべてをインターフェースで繋がなくてもよいと思っています。少し依存性がある状態ですが、まずは図1.3がこの時点での落とし所ではないでしょうか。

図1.3: class_diagram2

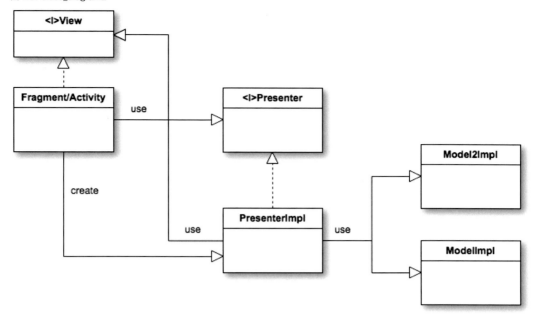

図1.3の状態のポイントは次の2点です。

・Presenterを実態のViewの中で直接生成する

・Modelをインターフェースで繋がずに、Presenterは実態のModelを直接使う

なぜここが「落とし所」かですが、Presenterにテストコードを書くとき、Mockライブラリーを使用してModelの振る舞いは自由に変えることができるからです。

さらに、この形がテストをきれいに書くためのギリギリの構造ともいえるでしょう。最初のステップとしては比較的手につけやすいものです。

もちろん、もし余裕があれば前述の理想の形を求めるのもよいでしょう。

MVPのパッケージ構成

パッケージについて、View、Presenter、と構成を分けるパターンも見かけますが、ひとつの画面に対してContract、Presenter、Viewをまとめて配置するのがもっとも見やすいでしょう。

その他、modelやリポジトリー、またはentityクラスはすべてmodelの一部とみなしてmodelパッケージを作り、その配下にリポジトリーやentityとmodelの具体的な内容に沿ってパッケージを掘り進めるのが良いと考えます。

```
-src/
  ├ 画面名1
      ├ Contract
      ├ Presenter
```

```
        ├ View(Fragment/Activity)
   ├ 画面名2
      ├ Contract
      ├ Presenter
      ├ View(Fragment/Activity)
   ├ model
      ├ entity
      ├ repository
          ├ api
          ├ db
```

Contract というクラスが出てきていますが、このクラスは View と Presenter をつなぐインターフェースを定義します。

View のインターフェースは Presenter 側から呼んでもらうためのもの、Presenter のインターフェースは View から送られてくるイベントと思えばよいでしょう。この Contract のインターフェースを見ればその画面が要求する View の描画メソッドとイベントのインターフェースがわかるため、ざっくりした画面仕様が読み取ることができます。

例えば次のような Contract があるとします。

リスト 1.1: Contract の例

```
1: interface RegisterContract {
2:     interface View {
3:         fun showErrorMessage()
4:     }
5:
6:     interface Presenter {
7:         fun clickRegisterButton()
8:     }
9: }
```

リスト 1.1 は簡単な例ですが、これだけで**「登録ボタンをクリックしてエラーがある場合はエラーメッセージを表示するのかな」**と、画面仕様を大まかに読み取ることができます。

本書で使用する mock ライブラリー

本書では mock ライブラリーに mockito-kotlin を利用しています。

・https://github.com/nhaarman/mockito-kotlin

最近では kotlin 用の mock ライブラリーである mockk というものが流行っています。

・https://github.com/mockk/mockk

お好みに合わせて利用してください。

本書で使用したテスト用のライブラリーをまとめると次のようになっています。

リスト 1.2: テスト用のライブラリー

```
testImplementation 'junit:junit:4.12'
testImplementation 'com.nhaarman.mockitokotlin2:mockito-kotlin:2.0.0'
androidTestImplementation 'com.android.support.test:runner:1.0.2'
androidTestImplementation 'com.android.support.test:rules:1.0.2'
androidTestImplementation 'com.android.support.test.espresso:espresso-core:3.0.2'
```

第2章　MVP化の心得

この章では、MVP化にあたって筆者が考えるポイントを3つ紹介します。

心得1：ViewとPresenterのインターフェースを「声に出して」抽出する

MVP化するときに、よく問題になるのは何をView側の処理として、何をPresenter側の処理とするのかということです。このインターフェースの抽出が、メンバーによって差が出てしまうことがあります。チーム内で意識を合わせておかないと、Presenterの中にView側で処理するべきことが混じったり、逆にPresenter側で処理することがView側に混ざることが起きます。

筆者がお勧めするインターフェースの抽出方法は、**一度そのViewの処理を声にだして整理してみる**ことです。

例えば、多少の違いはあれど、多くの場合は、

「ユーザーが○○したら（されたら）、△△して、**□□を表示する**」

という流れになります。そして、○○や△△、□□のところに入るのは、
・○○：Viewが呼ぶであろうPresenterのインターフェース
・△△：Presenterの中で行うビジネスロジック
・□□を表示する：Presenterが呼ぶであろうViewのインターフェース
になります。

例として、「ユーザーが**新規登録ボタンをクリック**したら、**サーバーからユーザー情報を取得して、結果が成功なら完了メッセージを表示する**」という処理を考えてみましょう。声に出して読んでみましたか？

この場合、
・○○：新規登録ボタンをクリックしたら (Presenter:clickRegisteredButton)
・△△：サーバーからユーザー情報を取得（Presenterのビジネスロジック）
・□□を表示する：結果が成功なら完了のメッセージを表示する（View:showCompletedMessage）
となります。つまりContractのインターフェースは次のようになるでしょう。

リスト2.1: Contractのインターフェース例①

```
1: interface Contract {
2:
3:     interface Presenter{
4:         fun clickRegisteredButton()
```

```
 5:     }
 6:
 7:     interface View {
 8:         fun showCompletedMessage()
 9:     }
10:
11: }
```

もうひとつ、やってみましょう。

「**画面が表示**されたら、**DBから自分の過去のお気に入りTweetを取得**して、**リストを表示する**」
です。読んでみましょう。

この場合、
・○○：画面が表示されたら（Presenter:onShowed）
・△△：DBから自分の過去のお気に入りTweetを取得（Presenterのビジネスロジック）
・□□を表示する：リスト表示する（View:showTweetList）
この場合のContractのインターフェースは次のようになるでしょう。

リスト2.2: Contractのインターフェース例②

```
 1: interface Contract {
 2:
 3:     interface Presenter{
 4:         fun onShowed()
 5:     }
 6:
 7:     interface View {
 8:         fun showTweetList(tweetList:List<Tweet>)
 9:     }
10:
11: }
```

心得2：可能な限りViewにifを書かない

プログラムはif、for、switchなどの分岐の多さで複雑度が変わります。

MVP化のメリットは、Viewから余計な条件分岐をなくすことでもあります。すべての条件分岐
をPresenterの中に押し込め、そのすべての条件分岐をUnitTestで網羅することによってビジネス
ロジックの正当性を証明できます。

そしてPresenterをAndroid特有の関心事から切り離されていれば、常にUnitTestで回すことが

できるので、高速にCIを回すことが可能となります。

　将来的にActivityやFragmentについてInstrumentTestを回したいとなったときに、Viewにif文が少なければ少ないほどテストケースが少なくなります。

心得3：Presenterのビジネスロジックの心得

　多くの人がつまずくポイントが、Presenterをいかにテスト可能な状態に持っていくかです。

　なんとなくMVPに置き換えてみたものの、View側のビジネスロジックがPresenterに移動しただけで、今ひとつメリットが享受できない……と感じるのは、Presenterがあらゆるクラスと密接に依存してしまっているためかもしれません。

　この場合、Presenterから可能なかぎり具象クラスとの依存を取り除くことがポイントになります。

　極端に言えば、Presenterの中で静的メソッドである「static」の呼び出しや、インスタンス作成の「new」という文字を書かず、依存オブジェクトは全てPresenterのコンストラクタで注入すれば、Presenterはテストを書くことができます。これだけを意識するだけで、PresenterはView層とリポジトリー（Model）層から完全に切り離すことができます。

　そうはいっても、なかなか依存関係を切り離しにくいものです。筆者の場合、依存が強くPresenterにテストコードが書けない、と感じたパターンは、

　　・Applicationクラスなどのシングルトンを使ったクラスが邪魔で、テストが書けない
　　・あらゆるところでContextが必要で、うまくViewとPresenterが分割できない
　　・Utilクラスの中でテストコードが落ちてしまうので、テストが書けない
　　・RealmやGoogleAnalyticsなどのライブラリーを使ってるところで、Unitテストが書けない
　　・APIのクラスを直接呼び出しておりテストが書けず、コールバックもテストが書けない

　などなど……。様々なことがありました。

　次章からはこれらの困ったパターンについて、DIを使わずにテスト可能な状態に持っていくためのちょっとしたテクニックを紹介しながら、実際にPresenterにテストコードを書いて行きたいと思います。

　そもそも、なぜPresenterにテストコードを書きたいのでしょう。一足先に紹介すると、UnitTestの対象とすべきポイントとして、

　　・条件分岐
　　・ループ
　　・操作
　　・ポリモフィズム

　の4つがあります。Presenterにこの全てを押し込んで、UnitTestでこれらのロジックを保護することがプログラムの品質を上げるために最もコストパフォーマンスが良いからです。

心得4：Humble Objectパターン

> Humble Objectパターンはユニットテストを実行する人が、テストしにくい振る舞いとテストしやすい振る舞いを分離するために生み出されたデザインパターンである。
>
> 「Clean Architecture 達人に学ぶソフトウェアの構造と設計」（Robert C.Martin著）、角 征典・高木 正弘訳／KADOKAWA刊）より

AndroidアプリにおけるMVPは、まさにこのHumble Objectパターンの典型です。「テストしにくい振る舞い」というのは、AndroidではViewに関する部分にあたります。この部分のテストはInstrumentTestにする必要がありコストが高くなります。「テストしやすい振る舞い」というのは、Presenterのロジックです。こちらはAndroidの世界とは完全に切り離されたデータの操作処理なので、テストがしやすくなります。

このことからも、複雑な条件分岐などはすべてPresenterに押し込めて、UnitTestによりコードの品質を担保し、View側は可能な限りシンプルに保つことが大事だとわかります。

第3章　シングルトンの依存切り離し

シングルトンクラスの辛いところ

　いろいろな場所で使える便利なクラスとして、シングルトンクラスを「なんとなく」利用する場面は多いでしょう。

　シングルトンクラスは便利ですが、それゆえに副作用も多い麻薬です。用法用量を守らず使うと、あっという間にプログラムが破綻します。特に、いざMVPにしようとしてPresenterにビジネスロジックを押し込めようとすると、このシングルトンクラスが邪魔をしてうまくPresenterをAndroidの世界との依存性を切り離せずに困る場面が多くあります。

　Androidでよくあるシングルトンをパターン分けしてうまくPresenterとの依存を切り離してみます。

リスト3.1:

```
 1: public class PreferenceManagerSingleton {
 2:
 3:     private static PreferenceManagerSingleton instance;
 4:     private SharedPreferences preferences;
 5:
 6:     private PreferenceManagerSingleton() {
 7:         preferences = PreferenceManager
 8:         .getDefaultSharedPreferences(MyApplication.getInstance());
 9:     }
10:
11:     public static PreferenceManagerSingleton getInstance() {
12:         if (instance == null) {
13:             instance = new PreferenceManagerSingleton();
14:         }
15:         return instance;
16:     }
17:
18:     public String getUserName() {
19:         return preferences.getString("name", "");
20:     }
21: }
```

　このシングルトンを、いざPresenterの中で使おうとすると厄介なことが起きます。

リスト3.2:

```
1: class SomePresenter(val view: SomeView) {
2:     fun clickSomething() {
3:         view.setName(PreferenceManagerSingleton.getInstance().getUserName())
4:     }
5: }
```

この例では、getInstance()の中でSharedPreferenceの生成処理が入ってしまうため、いざUnitTestを実行しようとするエラーになります。

このようにシングルトンの中でAndroid固有のクラスを使用してしまうパターンはしばしば見かけますが、Presenterの中で使用する場合は注意が必要です。

コンストラクタインジェクション

この依存を排除する方法のひとつは、シングルトンのインスタンスをコンストラクタインジェクションすることです。kotlinではデフォルト引数を指定できるため、次のように書き換えれば、SomePresenterをnewしている箇所には一切変更を加える必要がないのが嬉しいポイントです。

リスト3.3:

```
1: class SomePresenter(val view: SomeView,
2:     val managerSingleton: PreferenceManagerSingleton =
3:     PreferenceManagerSingleton.getInsntace()) {
4:     fun clickSomething() {
5:         view.setName(managerSingleton.getUserName())
6:     }
7: }
```

これにより、次のようにテストコードが書けるようになります。

リスト3.4:

```
1: class SomePresenterTest {
2:
3:     lateinit var target: SomePresenter
4:     val view = mock<SomeView>()
5:     //singletonのmockクラスを作成
6:     val preferenceManagerSingleton = mock<PreferenceManagerSingleton>()
7:
8:     @Before
9:     fun setUp() {
10:         //mockのpreferenceManagerSingletonを注入する
11:         target = SomePresenter(view,preferenceManagerSingleton)
```

第3章 シングルトンの依存切り離し　17

```
12:     }
13:
14:     @Test
15:     fun clickSomething() {
16:         //振る舞いを変えることができる
17:         whenever(preferenceManagerSingleton.getUserName()).thenReturn("hoge")
18:         target.clickSomething()
19:         verify(view).setName("hoge")
20:     }
21: }
```

　これがコンストラクタインジェクションです。大層な名前がついてますが、依存関係の注入方法としては最もよく使われます。メソッドがないクラスをnewしたくなったら、一度コンストラクタやメソッドの引数でそのクラスを注入してみることを考えてみるのも良いでしょう。

静的setメソッドの導入

　シングルトンにsetterを用意してしまうと、もはやシングルトンの意味を成さないのでは？と思われるかもしれません。しかしテスト時のみに使用するようにして、プロダクトのコードでは使用しなければ良いのです。筆者はそこまでそこまで抵抗感はありません。ソースコードの静的解析などで、setterがプロダクトコードで呼ばれていないことを保証することも可能でしょう。

リスト3.5:
```
 1: public class PreferenceManagerSingleton {
 2:
 3:     private static PreferenceManagerSingleton instance;
 4:     private SharedPreferences preferences;
 5:
 6:     private PreferenceManagerSingleton() {
 7:         preferences = PreferenceManager
 8:         .getDefaultSharedPreferences(MyApplication.Companion.getInstance());
 9:     }
10:
11:     public static PreferenceManagerSingleton getInstance() {
12:         if (instance == null) {
13:             instance = new PreferenceManagerSingleton();
14:         }
15:         return instance;
16:     }
17:
18:     //singletonのインスタンス差し替え用のsetメソッドを用意する
```

18 | 第3章　シングルトンの依存切り離し

```
19:     public static void setTestingInstance(
20:         PreferenceManagerSingleton preferenceManagerSingleton) {
21:         instance = preferenceManagerSingleton;
22:     }
23:
24:     public String getUserName() {
25:         return preferences.getString("name", "");
26:     }
27: }
```

setメソッドを用意したことで、テストコード用にシングルトンの中にあるインスタンスをmockに差し替えることが可能となりました。実際にテストコードを書いてみます。

リスト3.6:

```
 1: class SomePresenterTest {
 2:
 3:     lateinit var target: SomePresenter
 4:     val view = mock<SomeView>()
 5:     val preferenceManagerSingleton = mock<PreferenceManagerSingleton>()
 6:
 7:     @Before
 8:     fun setUp() {
 9:         target = SomePresenter(view)
10:         //singletonのインスタンスにmockをセットする
11:         PreferenceManagerSingleton
12:             .setTestingInstance(preferenceManagerSingleton)
13:     }
14:
15:     @Test
16:     fun clickSomething() {
17:         whenever(preferenceManagerSingleton.getUserName()).thenReturn("hoge")
18:         target.clickSomething()
19:         verify(view).setName("hoge")
20:     }
21: }
```

問題なくテストコードが書けるようになりました。

インターフェースの抽出

kotlinの場合は、シングルトンクラスがobjectを宣言すると簡単に作ることができます。

第3章　シングルトンの依存切り離し　　19

リスト3.7:

```
1: object PreferenceManagerObject {
2:
3:     var preferences = PreferenceManager
4:     .getDefaultSharedPreferences(MyApplication.getInstance());
5:
6:     fun getUserName(): String {
7:         return preferences.getString("name", "")
8:
9: }
```

　ただしこの場合、ここまでに紹介したパターンではインスタンスをテスト用に取り替えることができません。インスタンスを差し替えることもできませんし、コンストラクタインジェクションしようとしてもobjectクラスを参照した時点で次の処理が走り、UnitTestが落ちます。

```
PreferenceManager.getDefaultSharedPreferences(MyApplication.getInstance())
```

　そこで、シングルトン内で使用されているメソッドをすべてインターフェースとして抽出し、その抽出したインターフェースをPresenterに渡すことで依存関係を切り離します。早速やってみましょう。まず先程のobjectクラスのインターフェースを抽出します。

リスト3.8:

```
1: //Singleton内のメソッドを抽出する
2: interface PreferenceManagerInterface {
3:     fun getUserName(): String
4: }
```

objectクラスにここで抽出したインターフェースを実装するように変更します。

リスト3.9:

```
 1: //objectクラスにインターフェースを実装するようにする
 2: object PreferenceManagerObject : PreferenceManagerInterface{
 3:
 4:     var preferences = PreferenceManager
 5:     .getDefaultSharedPreferences(MyApplication.getInstance());
 6:
 7:     //メソッド名は以前のままなのでこのメソッドを使用している箇所に影響はない
 8:     override fun getUserName(): String {
 9:         return preferences.getString("name", "")
10:     }
```

20　　第3章　シングルトンの依存切り離し

```
11: }
```

Presenterに、PreferenceManagerObjectではなく抽出したインターフェースを渡すようにすることで、objectクラスとの依存を切り離します。

リスト3.10:

```
1: class SomePresenter(val view: SomeView,
2: //Presenterが依存するのはインターフェースになり依存を切り離せる。
3: val prefence: PreferenceManagerInterface = PreferenceManagerObject ) {
4:     fun clickSomething() {
5:         view.setName(prefence.getUserName())
6:     }
7: }
```

これでテストコードが書けるようになります。

リスト3.11:

```
 1: class SomePresenterTest {
 2:
 3:     lateinit var target: SomePresenter
 4:     val view = mock<SomeView>()
 5:     //インターフェースのmockが作れる
 6:     val preferenceManager = mock<PreferenceManagerInterface>()
 7:
 8:     @Before
 9:     fun setUp() {
10:         target = SomePresenter(view,preferenceManager)
11:     }
12:
13:     @Test
14:     fun clickSomething() {
15:         whenever(preferenceManager.getUserName()).thenReturn("hoge")
16:         target.clickSomething()
17:         verify(view).setName("hoge")
18:     }
19: }
```

ラップクラスで包む

これは最終手段という面があります。これまでに紹介したパターンでもシングルトンの依存を切り離せない、というときに使ってみるとよいでしょう。

第3章　シングルトンの依存切り離し　　21

本来は既存クラスに別の振る舞いを追加したいとき、いわゆるデコレーターパターンで使われることが多いのですが、こういったシングルトンが辛いときにも使えます。

リスト3.12:

```
1: //ラップクラスを用意する
2: class PreferenceManagerObjectWrapper {
3:     fun getUserName(): String {
4:         //間接的にSingletonのメソッドにアクセスする
5:         return PreferenceManagerObject.preferences.getString("name", "")
6:     }
7: }
```

Presenterには、このラップクラスを移譲するようにします。

リスト3.13:

```
1: class SomePresenter(val view: SomeView,
2:     //Wrapper クラスを Presenter に移譲する
3:     val prefence:PreferenceManagerObjectWrapper ) {
4:
5:     fun clickSomething() {
6:         view.setName(prefence.getUserName())
7:     }
8: }
```

これでテストコードが書けるようになります。

リスト3.14:

```
1: class SomePresenterTest {
2:
3:     lateinit var target: SomePresenter
4:     val view = mock<SomeView>()
5:     //ラップクラスはシングルトンではないのでmockを作成できる
6:     val preferenceWrapper = mock<PreferenceManagerObjectWrapper>()
7:
8:     @Before
9:     fun setUp() {
10:         target = SomePresenter(view,preferenceWrapper)
11:     }
12:
13:     @Test
14:     fun clickSomething() {
15:         whenever(preferenceWrapper.getUserName()).thenReturn("hoge")
```

22　　第3章　シングルトンの依存切り離し

```
16:        target.clickSomething()
17:        verify(view).setName("hoge")
18:    }
19: }
```

シングルトンクラスのメソッドにContextの引数が……

シングルトンクラスのメソッドにContextなどのAndroidに依存するオブジェクトを必要とする場合、ラップクラスを少し改良する必要があります。こういうクラスは存在しないことが好ましいのですが、もしある場合は、

リスト3.15:
```
1: object ContextObject {
2:     fun getUserAppName(context: Context): String {
3:         return context.packageName
4:     }
5: }
```

このように、コンストラクタでcontextを渡して、シングルトンクラスに間接的にアクセスさせましょう。

リスト3.16:
```
1: class ContextObjectWrapper(val context: Context) {
2:     fun getUserAppName(): String {
3:         return ContextObject.getUserAppName(context)
4:     }
5: }
```

この章のまとめ

今回の例ではAndroidにありがちな、Applicationクラスのシングルトンに依存してしまったPresenterについて、どうやって依存を切り離すかを紹介しました。

まず、シングルトンは極力作らないようにするのがよいでしょう。しかし、すでにシングルトンクラスがビジネスロジックに密接に依存してしまっている場合は、なんとかしてその依存を切り離してみましょう。

いざPresenterをテストする時にシングルトンが邪魔だなぁと感じたら、
・コンストラクタインジェクション
・静的セットメソッドの導入

第3章　シングルトンの依存切り離し　23

・インターフェースの抽出

・ラップクラス

これらの言葉を頭の片隅において置くとよいでしょう。

ちなみに、これらのテクニックは「レガシーコード改善ガイド」にも書いてあります。より詳しい情報が知りたい方は読んでみるとよいでしょう。その中にこのような一文があります。

> 究極の「より良い状態」は、Singletonへのグローバルな参照を減らして、通常のクラスに変更できるようにすることです。
>
> 「レガシーコード改善ガイド」（マイケル・C・フェザーズ著、ウルシステムズ株式会社監修、平澤 章・越智 典子・稲葉 信之・田村 友彦・小堀 真義訳／翔泳社刊）より

メンバーの誰かがシングルトンを作っているのを見かけたら、なぜシングルトンではないといけないのか、本当にシングルトンにする必要があるのかを一度検討してみましょう。そして、不必要なシングルトンならば積極的に通常のクラスに置き換えていくとよいでしょう。

ただし、オブジェクトの生成コストが高い、といった理由ならばflyweightパターンを考えてみるのもよいでしょう。

第4章　staticメソッド依存の排除

staticメソッドの辛いところ

　シングルトンと同様に、どこからでも便利に呼び出せるメソッドのUtilクラスを作り、staticメソッドとして実装することはしばしば見かけるパターンでしょう。

　staticメソッドが他のクラスとの依存がなく呼び出せる状態、つまりテストコード内でもmockを一切必要とせずに呼び出せる状態なら、何も問題は起きません。

　しかし多くの場合、Utilクラスのstaticメソッド内で他のクラスと密に依存し、テストコード内でそのメソッドを通るとどうしても期待した結果を返せない、という状態に陥ります。

　例えば、SharedPreferenceに保存したユーザー名を取得するstaticメソッドがあるとします。

リスト4.1:

```
 1: class Util {
 2:     companion object {
 3:         @JvmStatic
 4:         fun getUserName(): String {
 5:             val pref = PreferenceManager
 6:             .getDefaultSharedPreferences(MyApplication.getInstance())
 7:             return pref.getString("userName","")
 8:         }
 9:     }
10: }
```

　アプリでユーザー名を表示する場面は多く、このようなメソッドがひとつあるだけで、どこでもユーザー名を表示できるので便利です。

　ただしこのメソッドを、またはこのメソッドを利用したクラスをテストしようとしたとき、この便利なメソッドは厄介です。Activityのoncreate()時に、Presenterがユーザー名をセットする例を考えます。

第4章　staticメソッド依存の排除　25

リスト4.2:

```
1: class SomePresenter(val view: SomeView) {
2:     fun onCreate() {
3:         view.setUserName(Util.getUserName())
4:     }
5: }
```

　このメソッドをテストしようとした時に問題が発生します。Utilの中のApplicationクラスを利用しますが、これがnullになりテストができません。mockを差し込みたくても、その余地がありません。

リスト4.3:

```
1: class SomePresenterTest {
2:
3:     private lateinit var target: SomePresenter
4:     private val view = mock<SomeView>()
5:
6:     @Before
7:     fun setUp() {
8:         target = SomePresenter(view)
9:     }
10:
11:     @Test
12:     fun onCreate_SharedPreferenceから取得したユーザー名が表示される() {
13:         target.onCreate()
14:         verify(view).setUserName(any())//テストできない
15:     }
16: }
```

　実際にAndroidの実機上で動かす時には、Util.getUserNameは何の問題もなくどこでも動くでしょう。しかしUnitTestに含めようとすると困る点が出てきます。そこで、このようなstaticメソッドの依存を解決していきます。

普通のクラスに変える

　はじめに、このような悪いstaticメソッドは素直に適切なクラスに切り出せるかを考えてみましょう。まず、UserServiceとしてクラスを切り出してみます。

26　　第4章　staticメソッド依存の排除

リスト4.4:

```
1: //Utilクラスをリファクタリング
2: class UserService(private val pref: SharedPreferences) {
3:     fun getUserName(): String {
4:         return pref.getString("userName", "")
5:     }
6: }
```

　Presenter が UserService のインスタンスをコンストラクタで受け取るように修正し、外から依存を注入できる形にします。

リスト4.5:

```
1: //SomePresenter をリファクタリング
2: class SomePresenter(private val view: SomeView,
3:     private val userService: UserService) {
4:     fun onCreate() {
5:         view.setUserName(userService.getUserName())
6:     }
7: }
```

　これで、テストが動くようになります。

リスト4.6:

```
1: class SomePresenterTest {
2:
3:     private lateinit var target: SomePresenter
4:     private val view = mock<SomeView>()
5:     private val userService = mock<UserService>()
6:
7:     @Before
8:     fun setUp() {
9:         target = SomePresenter(view, userService)
10:    }
11:
12:    @Test
13:    fun onCreate_SharedPreferenceから取得したユーザー名が表示される() {
14:        whenever(userService.getUserName()).thenReturn("masahide")
15:        target.onCreate()
16:        verify(view).setUserName("masahide")
17:    }
18: }
```

第4章　static メソッド依存の排除　　27

移譲用インスタンスメソッドの導入

前項ではシンプルなstaticメソッドの呼び出しだったため、少しリファクタリングすれば解決できました。しかし実際のプロダクトコードでは、肥大化したクラスをいきなり置き換えるのは難しい状況になっているかもしれません。

例えば便利なメソッドをいろいろと詰め込んで、巨大化したUtilクラスなどをよく見かけます。

リスト4.7:

```
 1: class LargeUtil {
 2:
 3:     companion object {
 4:         @JvmStatic
 5:         fun getUserName(): String {
 6:             val pref = PreferenceManager
 7:             .getDefaultSharedPreferences(MyApplication.getInstance())
 8:             return pref.getString("userName", "")
 9:         }
10:         @JvmStatic
11:         fun validateMailAddress(target: String): Boolean {
12:             return if (TextUtils.isEmpty(target)) {
13:                 false
14:             } else {
15:                 android.util.Patterns.EMAIL_ADDRESS
16:                 .matcher(target).matches()
17:             }
18:         }
19:         //その他便利なメソッドが続く
20:     }
21: }
```

このUtilを使うPresenterですが、

リスト4.8:

```
 1: class SomePresenter(private val view: SomeView) {
 2:     fun clickButton(mailAddress:String) {
 3:         if(LargeUtil.validateMailAddress(mailAddress)){
 4:             view.setUserName(LargeUtil.getUserName())
 5:         }
 6:     }
 7: }
```

さきほどと同じように適切なクラスに切り出したいところです。しかし、LargeUtilはこのPresenterだけでなくあらゆる場面で呼び出されていて、切り出すには影響範囲が広すぎるかもしれません。そんなときには、移譲用インスタンスメソッドの導入を考えてみます。

リスト4.9:

```
 1: class LargeUtil {
 2:     companion object {
 3:         @JvmStatic
 4:         fun getUserName(): String {
 5:             val pref = PreferenceManager
 6:             .getDefaultSharedPreferences(MyApplication.getInstance())
 7:             return pref.getString("userName", "")
 8:         }
 9:         @JvmStatic
10:         fun validateMailAddress(target: String): Boolean {
11:             return if (TextUtils.isEmpty(target)) {
12:                 false
13:             } else {
14:                 android.util.Patterns.EMAIL_ADDRESS.matcher(target).matches()
15:             }
16:         }
17:         //その他便利メソッドが続く
18:     }
19:
20:     //メソッドを追加
21:     fun getName(): String {
22:         //staticメソッドに移譲
23:         return getUserName()
24:     }
25:
26:     //メソッドを追加
27:     fun isMailAddress(target: String): Boolean {
28:         //staticメソッドに移譲
29:         return validateMailAddress(target);
30:     }
31: }
```

次にPresenter側の呼び出し方を変更します。

リスト4.10:

```
 1: class SomePresenter(private val view: SomeView,
 2:     //コンストラクタインジェクションさせる
 3:     val largeUtil: LargeUtil) {
 4:     fun clickButton(mailAddress:String) {
 5:         if(largeUtil.isMailAddress(mailAddress)){
 6:             view.setUserName(largeUtil.getName())
 7:         }
 8:     }
 9: }
```

これで、テストコードが書けるようになります。

リスト4.11:

```
 1: class SomePresenterTest {
 2:     private lateinit var target: SomePresenter
 3:     private val view = mock<SomeView>()
 4:     private val largeUtil = mock<LargeUtil>()
 5:
 6:     @Before
 7:     fun setUp() {
 8:         target = SomePresenter(view, largeUtil)
 9:     }
10:
11:     @Test
12:     fun clickTest_isMailAddress() {
13:         whenever(largeUtil.isMailAddress("mailAddress")).thenReturn(true)
14:         whenever(largeUtil.getName()).thenReturn("name")
15:         target.clickButton("mailAddress")
16:         verify(view).setUserName("name")
17:     }
18:     @Test
19:     fun clickTest_isNotMailAddress() {
20:         whenever(largeUtil.isMailAddress("mailAddress")).thenReturn(false)
21:         whenever(largeUtil.getName()).thenReturn("name")
22:         target.clickButton("mailAddress")
23:         verify(view, never()).setUserName("name")
24:     }
25: }
```

このパターンの良いところは、前項のように普通のクラスに置き換えた場合と違って、元々静的

30　第4章　staticメソッド依存の排除

メソッドを呼び出している部分は何も影響を受けず、新たにPresenterの処理を書く部分やリファクタリングしたい部分だけを置き換えていくことが可能なので、影響範囲を最小限に保つことができる点です。

ラップクラス

リスト4.12:

```
1: class SomePresenter(private val view: SomeView, private val context: Context)
{
2:     fun onCreate() {
3:         view.setUserName(MyPreferenceUtil.getName(context))
4:     }
5: }
```

これまでのパターンとは少し違い、このPresenterはふたつの問題を抱えています。

まずはMyPreferenceがstaticメソッドになっており、テスト実行時にmockに差し替えられず、テストができません。

もうひとつは、PresenterがContextに依存していることです。ContextはAndroid特有の関心事のため、Presenterが依存するのは好ましくありません。理想的にはPresenterをそのままiOSにも差し替えることができるようにすることです。それに加えてcontextが使えることで、ActivityやFragmentに書くべき処理とPresenter側で書くべき処理との境界が曖昧になり、ソースコードの秩序が乱れる元となります。

さて、この太ったクラスをいかにテスト可能な状態にもっていくかですが、このPreferenceUtilをラップしてしまうのがひとつの方法です。MyPreferenceUtilWrapperというクラスを用意し、MyPreferenceUtilの静的メソッドをラップしたメソッドから呼び出すことで、既存のコードに変更を加えずにPresenterから依存を排除できます。

リスト4.13:

```
1: class MyPreferenceUtilWrapper(private val context: Context) {
2:     fun setName(name: String) {
3:         MyPreferenceUtil.saveName(context, name)
4:     }
5:
6:     fun getName(): String {
7:         return MyPreferenceUtil.getName(context)
8:     }
9:
10:     //以下Utilの持つメソッドを全て続く……
11: }
```

第4章　staticメソッド依存の排除 | 31

Presenter を作成したラップクラスをコンストラクタで注入するように修正します。

リスト4.14:

```
1: class SomePresenter(private val view: SomeView,
2:     private val myPreferenceUtilWrapper: MyPreferenceUtilWrapper) {
3:     fun onCreate() {
4:         view.setUserName(myPreferenceUtilWrapper.getName())
5:     }
6: }
```

するとどうでしょう。Context からの依存が排除され、myPreferenceUtilWrapper はテスト時に mock に差し替えることができるようになりました。

すべてのstaticが悪ではない

問題ないstatic

static メソッドは多くの場合テスト書くときに邪魔になりますが、中には static でも問題ないものもあります。例えばいつでもどこでも環境に依存せず、期待した結果を返せる状態の static メソッドなら何も問題にならないです。

リスト4.15:

```
1: class Util {
2:     companion object {
3:         @JvmStatic
4:         fun validateAlphanumeric(target: String): Boolean {
5:             return target.matches(Regex("^[a-zA-Z0-9]+\$"))
6:         }
7:     }
8: }
```

アルファベットと数字のみの文字列を判定するメソッドですが、これはプロダクトコードやテストコードに依存することなく動くので、こういったものも無理にクラスに切り出す必要はありません。

罠のあるstatic

リスト4.16:

```
1: class Util {
2:     companion object {
3:         @JvmStatic
4:         fun validateMailAddress(target: String): Boolean {
5:             return if (TextUtils.isEmpty(target)) {
```

```
 6:            false
 7:        } else {
 8:            android.util.Patterns.EMAIL_ADDRESS.matcher(target).matches()
 9:        }
10:    }
11:  }
12: }
```

一見何も問題なく動くように見えます。しかしテストコードを実行してみると、

```
java.lang.RuntimeException: Method isEmpty in android.text.TextUtils not
mocked.
See http://g.co/androidstudio/not-mocked for details.
```

というエラーが発生します。エラーメッセージのURLの記事を参考に、gradleに対して次のコードを追加してみます。

リスト4.17:
```
1: testOptions {
2:     unitTests.returnDefaultValues = true
3: }
```

問題なく動くように見えるので実行してみると、今度はjava.lang.NullPointerExceptionが発生します。returnDefaultValuesをtrueにしても、デフォルトの値が帰るだけでまともにテストできません。

AndroidSDKに依存するクラスは、UnitTestではまともに動きません。これを回避する方法として、テストケースをandroidTestパッケージ配下に置いてInstrumentsにする方法があります。

・参考：
　——http://d.android.com/tools/testing

リスト4.18:
```
1: @RunWith(AndroidJUnit4::class)
2: class ExampleInstrumentedTest {
3:     @Test
4:     fun useAppContext() {
5:         assertTrue(Util.validateMailAddress("mailaddress"))
6:     }
7: }
```

このようにInstruments化すれば、問題なく動かすことができます。Modelの中にはInstruments化しないと動かせないものありますので、状況に応じて使い分けてください。

第4章　staticメソッド依存の排除　33

第5章 コールバックをテスト

Android開発において最も辛いのが、このコールバックでしょう。一昔前までは、EventBusなどのライブラリーを使うことによって、コールバックではなくオブサーバーとして結果を受けるとことで、テスト可能な状態にすることができました。

しかしEventBusの乱用は、その結果がどこで受け取られるのかをソースコード上で追うことが困難なため、使いすぎは危険であることが世の中に広まり、今となってはほとんど見られなくなりました。

現在は、RxJavaという強力な武器があります。このライブラリーはユニットテストもサポートしており、そのためのstreamの結果を返すことが可能なために主流となっています。

しかし、歴史あるアプリの多くはokhttpやvolley、それ以外のhttpクライアントを使用して、リクエストの結果をCallbackリスナーで受け取る方式を採っていることが多いのではないでしょうか。

インターフェースコールバックをテストする

ここではGitHubのユーザー情報を取得し、Viewに返す例を考えてみます。

まずdataクラスのUserを用意します

リスト5.1:

```
1: data class User(
2:     val id: Int,
3:     val name: String
4: )
```

あるユーザー情報を取得するAPIです。かなり荒い作りですがサンプルなので悪しからず……。

ポイントは、getUserの引数としてインターフェースのcallbackを取るところです。内部の実装方法はそれぞれ違うと思いますが、Androidではこのようなメソッドの引数を取ることが一般的ではないでしょうか。

リスト5.2:

```
1: class SampleAPI(context: Context) {
2:
3:     val mainHandler = Handler(context.mainLooper)
4:
5:     interface APICallback {
6:         fun onSuccess(user: User)
7:         fun onFailure(e: IOException)
```

34 | 第5章 コールバックをテスト

```
 8:    }
 9:
10:    fun getUser(callback: APICallback) {
11:        val client = OkHttpClient()
12:        val request = Request.Builder()
13:            .url("https://api.github.com/users/masahide318")
14:            .build()
15:
16:        client.newCall(request).enqueue(object : Callback {
17:            override fun onFailure(call: Call?, e: IOException?) {
18:                if (e != null) {
19:                    mainHandler.post { callback.onFailure(e) }
20:                }
21:            }
22:
23:            override fun onResponse(call: Call?, response: Response?) {
24:                response?.let {
25:                    if (response.isSuccessful) {
26:                        val result = response.body()?.string() ?: ""
27:                        val user = Gson().fromJson(result, User::class.java)
28:                        mainHandler.post { callback.onSuccess(user) }
29:                    }
30:                }
31:            }
32:        })
33:    }
34: }
```

Presenter クラスでこの API を使います。

リスト5.3:

```
 1: class SomePresenter(private val view: SomeView,
 2:     private val sampleAPI: SampleAPI) {
 3:
 4:    fun onCreate() {
 5:        sampleAPI.getUser(object : SampleAPI.APICallback {
 6:            override fun onFailure(e: IOException) {
 7:                view.showError()
 8:            }
 9:
10:            override fun onSuccess(user: User) {
```

第5章 コールバックをテスト | 35

```
11:              view.bind(user)
12:          }
13:      })
14:  }
15: }
```

嫌というほど筆者はこの形を見てきました。そして、どうすればこれをUnitTestで確認できるのかと考えました。

ひとつの方法は、callbackインターフェースをメンバー変数で持ってしまうことです。

リスト5.4:
```
 1: class SomePresenter(private val view: SomeView,
 2:     private val sampleAPI: SampleAPI) {
 3:
 4:     //callbackを変数として持つ
 5:     val callback: SampleAPI.APICallback = object : SampleAPI.APICallback {
 6:         override fun onFailure(e: IOException) {
 7:             view.showError()
 8:         }
 9:
10:         override fun onSuccess(user: User) {
11:             view.bind(user)
12:         }
13:     }
14:
15:     fun onCreate() {
16:         sampleAPI.getUser(callback)
17:     }
18: }
```

するとどうでしょう。テストが書けそうです。

リスト5.5:
```
 1: class SomePresenterTest {
 2:
 3:     private lateinit var target: SomePresenter
 4:     private val view = mock<SomeView>()
 5:     private val userRepository = mock<SampleAPI>()
 6:
 7:     @Before
 8:     fun setUp() {
```

36 | 第5章 コールバックをテスト

```
 9:        target = SomePresenter(view, userRepository)
10:    }
11:
12:    @Test
13:    fun onCreateが呼ばれたらuserRepositoryのgetUserが呼ばれること() {
14:        target.onCreate()
15:        verify(userRepository).getUser(target.callback)
16:    }
17:
18:    @Test
19:    fun onSuccess時にviewのbindメソッドが呼ばれること() {
20:        val user = User(1, "name")
21:        target.callback.onSuccess(user)
22:        verify(view).bind(user)
23:    }
24:
25:    @Test
26:    fun onError時にviewのshowErrorメソッドが呼ばれること() {
27:        target.callback.onFailure(IOException())
28:        verify(view).showError()
29:    }
30: }
```

Timer処理もテストする

アニメーションなど、数秒後に「何か」を処理したい、という場面はよく遭遇します。そんなとき、まずはじめに思い浮かぶのがHandlerを利用した遅延処理でしょう。

ただし、Handlerをそのまま利用してPresenterで利用すると、またAndroid特有の関心事が紛れ込むことでUnitTestが困難になってしまいます。これまで何度も出てきたラップクラスを用意しましょう。

リスト5.6:

```
1: class CustomTimer() {
2:     val handler = Handler()
3:
4:     //HandlerのpostDelayedの処理をラップする
5:     fun postDelayed(runnable: Runnable, delayMills: Long) {
6:         handler.postDelayed(runnable, delayMills)
7:     }
8: }
```

Presenter で customTimer を利用します。

リスト5.7:

```
 1: class SomePresenter(
 2:     private val view: SomeView,
 3:     private val customTimer: CustomTimer) {
 4:
 5:     val runnable = Runnable {
 6:         view.bind(User(1, "aaa"))
 7:     }
 8:
 9:     fun onCreate() {
10:         customTimer.postDelayed(runnable, 1000)
11:     }
12: }
```

リスト5.8:

```
 1: class SomePresenterTest {
 2:
 3:     private lateinit var target: SomePresenter
 4:     private val view = mock<SomeView>()
 5:     private val customTimer = mock<CustomTimer>()
 6:
 7:     @Before
 8:     fun setUp() {
 9:         target = SomePresenter(view, customTimer)
10:     }
11:
12:     @Test
13:     fun onCreate が呼ばれたら customTimer の処理が適切に呼ばれること() {
14:         target.onCreate()
15:         verify(customTimer).postDelayed(target.runnable,1000)
16:     }
17:
18:     @Test
19:     fun timer 処理完了時に User 情報が view に bind されること() {
20:         val user = User(1, "aaa")
21:         target.runnable.run()
22:         verify(view).bind(user)
23:     }
24: }
```

38 | 第5章 コールバックをテスト

余裕があればリポジトリーパターンに置き換え

リポジトリーパターンとは、Dataアクセス層をインターフェースで内部の実装を隠蔽することにより、利用者側がデータをHttpリクエストで取得するのか、データベースから取得するのか、またはファイルから取得するのか意識させないパターンです。

先程のUserRepositoryをリポジトリーパターンに置き換えると、

リスト5.9:

```
1: interface UserRepository {
2:
3:     interface Callback {
4:         fun onSuccess(user: User)
5:         fun onFailure(e: IOException)
6:     }
7:
8:     fun getUser(callback: Callback)
9: }
```

リスト5.10:

```
1: //Repositoryをimplements
2: class UserAPI(context: Context) : UserRepository {
3:
4:     val mainHandler = Handler(context.mainLooper)
5:
6:     override fun getUser(callback: UserRepository.Callback) {
7:         //中身は先程のUserRepositoryと同じ為略
8:     }
9: }
```

リスト5.11:

```
1: class SomePresenter(
2:     val view: SomeView,
3:     //interfaceなのでこのPresenterは内部の実装を知らない
4:     private val userRepository: UserRepository ) {
5:
6:     val callback: UserRepository.Callback = object : UserRepository.Callback
{
7:         override fun onFailure(e: IOException) {
8:             view.showError()
9:         }
10:
```

第5章 コールバックをテスト | 39

```
11:        override fun onSuccess(user: User) {
12:            view.bind(user)
13:        }
14:    }
15:
16:    fun onCreate() {
17:        userRepository.getUser(callback)
18:    }
19: }
```

Presenterがインターフェースを使用するようになったため、その先の実装が隠蔽されました。

これだけでは何が変わったのかがさっぱりわからないと思います。例えば、ユーザー情報をSharedPrefereceから取得するように変更してみます。

リスト5.12:

```
 1: //UserRepositoryを実装
 2: class UserPreferenceRepository(context: Context) : UserRepository {
 3:
 4:     private val preferences =
 5:                 PreferenceManager.getDefaultSharedPreferences(context)!!
 6:
 7:     override fun getUser(callback: UserRepository.Callback) {
 8:         val user = User(
 9:             preferences.getInt("id", 0),
10:             preferences.getString("name", "")
11:         )
12:         //APIと同じようにcallbackでSharedPreferenceから取得したUser情報を返す
13:         callback.onSuccess(user)
14:     }
15: }
```

最後にActivityからPresenterを利用します。

リスト5.13:

```
 1: class SomeActivity : AppCompatActivity(), SomeView {
 2:
 3:     override fun onCreate(savedInstanceState: Bundle?) {
 4:         super.onCreate(savedInstanceState)
 5:         val presenter = SomePresenter(this, UserAPI(applicationContext))
 6:         //もしくは上下どちらのPresenterも問題なく動きます
 7:         val presenter = SomePresenter(
```

40 │ 第5章 コールバックをテスト

```
 8:                            this,
 9:                            UserPreferenceRepository(applicationContext))
10:    }
11:
12:    override fun bind(user: User) {
13:    }
14:
15:    override fun showError() {
16:    }
17: }
```

　Presenter側の処理を、何も変えることなくAPI経由で取得するのか、SharedPreference経由で取得するのかを切り替えることができました。このように、Presenter側は自分がどこからデータを取得するのかの実態を知らないので、データの取得先を柔軟に切り替えることができます。これがリポジトリーパターンになります。

　さて、リポジトリーパターンに置き換える必要があるのかどうか？筆者の個人的な意見としては、それを理想としてはするべきと考えます。しかし、レガシーコードにMVPを導入する最初のステップとして、無理にリポジトリーパターンに置き換える必要はないと考えます。

　なぜなら、テストコードを書く上ではそれがインターフェースなのか実クラスなのか、結局はmockライブラリーを使って置き換えるので、あまり気にするポイントではないからです。

　何らかの理由でテストにmockライブラリーを使えない、またはmockを使わずにどうしてもテストしたいという場合はインターフェースにしなければなりませんが、そんな状況は稀でしょう。無理なく一歩ずつ進めていくのが一番です。

　もちろん初めからRxJavaを導入できる環境にあるならば、これを選択するのが現時点では最良でしょう。

第6章　外部ライブラリー依存

サードパーティのライブラリーをそのまま使ってはいけない

RealmやGoogle Analyticsなど、便利なライブラリーはたくさんあります。ただし、Presenter側でそれらのライブラリーを直接呼び出すことは避けたほうが良いでしょう

リスト6.1:

```
 1: class SomePresenter(val view:View) {
 2:
 3:     fun getUser(id: Long) {
 4:
 5:         val realm = Realm.getDefaultInstance()
 6:         val result = realm.where(Person::class.java)
 7:                             .equalTo("id", id).findFirst()
 8:         if (result != null) {
 9:             val person = realm.copyFromRealm(result)
10:             view.bind(Gson().toJson(person))
11:         }
12:         view.bind("")
13:     }
14: }
```

たとえばこのPresenterは、直接gsonとrealmを呼び出しています。

まず問題になるのが、realmのgetDefaultInstanceによる静的メソッドの呼び出しです。前章までに説明したとおり、この時点でPresenterはRealmという実態に依存してしまいます。その上、mockに差し替えることができないinstanceの取得です。

このように、静的メソッドでインスタンスを取得するライブラリーがAndroidには多く見られます。しかし、これを使用する場合は常にテストのことを頭にいれておかないと、ライブラリーのメソッド呼び出し箇所で身動きが取れなくなってしまいます。

Json自体はAndroid依存ではないので、UnitTest内でも問題なく動作します。しばらくは何も問題とならないでしょう。問題になるのは、JsonのParserライブラリーを別のものに入れ替えたいときです。例えばMoshiやJacksonなどに入れ替えたいとき、Jsonを呼び出す処理をすべて置換していかなくてはなりません。

ラップクラスで包むまたはリポジトリーパターンに置き換え

そこで、再びラッパークラスの登場です。実際にラップしたクラスのソースコードのサンプルは

42　第6章　外部ライブラリー依存

何度も掲載しているので割愛します。

前述の「レガシーコード改善ガイド」にこのような記述があります。

> ライブラリーのクラスへの直接呼び出しをコード内に分散させてはならない。使用するライブラリーの変更は絶対ないと考えるかもしれないが、それは手前勝手な予測にしか過ぎない。

これは、改めてラップクラスやリポジトリーパターンの大切さを教えてくれます。

Realmの開発がある日止まったり、致命的なバグがあった場合、「Roomに置き換えよう」「SharedPreferenceで十分だな」とすぐに置き換えられるよう備えることが大事です。通信ライブラリーを最新のものに置き換えたいときも同様です。

ラッパークラスやリポジトリーパターンでライブラリーのクラスを間接的に呼び出していれば、Presenter側のインターフェースを何も変更せずに、Modelの中の実装をそのインターフェースのI/Oに沿うように差し替えればよいだけなので、素早く置き換えることができるでしょう。

外部ライブラリーを使うときは、それがなくなっても常に置き換え可能か？ぐらいの心構えで使うとよいと思います。

コンストラクタインジェクションする

これも何度も紹介したパターンなので詳細は割愛しますが、Presenterの中で使用するライブラリーのインスタンスをコンストラクタで渡してあげることで、mockに差し替えることが可能になります。realmなどは、Presenterの中でgetInstanceせずにこのパターンでなんとかできるでしょう。

リスト6.2:

```
 1: class SomePresenter(private val view: View,
 2:     private val realm: Realm,
 3:     private val gson: Gson = Gson()) {
 4:
 5:     fun getUser(id: Long){
 6:
 7:         val result = realm.where(Person::class.java)
 8:                             .equalTo("id", id).findFirst()
 9:         if (result != null) {
10:             val person = realm.copyFromRealm(result)
11:             view.bind(gson.toJson(person))
12:         }
13:         view.bind("")
14:     }
15: }
```

第6章 外部ライブラリー依存　43

第7章　MVPを実践してみる

太ったActivityのMVPへ置き換える

これまでの各章で、いろいろな技術について触れてきました。読者の方の中には、「正直、本当にちゃんとMVP化できるの?」「テストが書けるの?」と疑問に感じた方もいると思います。そこで、この章では実際にActivityをMVPに分解してみましょう。

今回使用するActivityは、メールアドレスとパスワードを入力し、新規登録ボタンを押して会員登録する、という画面を考えてみます。詳細な機能要件は次のようなものとします。

- メールアドレスは入力値をリアルタイムでバリデートチェックし、メールアドレスの形式になっていなければエラーメッセージを表示します。メールアドレスの形式になっていればエラーメッセージを非表示にします。
- パスワードは、最低でも6文字の半角英数字のみを許可します。
- 新規登録ボタンを押すと、メールアドレスとパスワードのValidateが走り、問題なければAPIを叩いて新規登録処理をサーバーに要求します。Validateエラーがあればエラーメッセージを表示します。
- サーバーからのレスポンスでsucessが帰ってくれば、登録成功のメッセージを表示します。
- サーバーからエラーレスポンスが帰ってくれば、登録失敗のメッセージを表示します。

Viewは、メールアドレスとそのエラーメッセージ、パスワードのEditTextと登録ボタンがあるだけのシンプルなxmlです。

リスト7.1:

```
 1: <?xml version="1.0" encoding="utf-8"?>
 2: <LinearLayout xmlns:android="http://schemas.android.com/apk/res/android"
 3:             android:layout_width="match_parent"
 4:             android:layout_height="match_parent"
 5:             android:orientation="vertical">
 6:
 7:     <EditText
 8:             android:id="@+id/mail_address"
 9:             android:layout_width="match_parent"
10:             android:layout_height="wrap_content"/>
11:     <TextView
12:             android:id="@+id/error_message"
13:             android:textColor="#ff0000"
14:             android:layout_width="wrap_content"
15:             android:layout_height="wrap_content"/>
```

```
16:
17:     <EditText
18:             android:id="@+id/password"
19:             android:layout_width="match_parent"
20:             android:layout_height="wrap_content"/>
21:
22:     <Button
23:             android:id="@+id/buttonRegister"
24:             android:text="登録する"
25:             android:layout_width="wrap_content"
26:             android:layout_height="wrap_content"/>
27:
28: </LinearLayout>
```

　まずMVP化する前のプログラムを用意します。RegisterAPIの内部の実装はダミーとしますが、インターフェースのCallbackリスナーを受け取る何かを想像してもらえるとよいでしょう。

リスト7.2:

```
 1: class RegisterAPI(val context: Context) {
 2:
 3:     fun register(
 4:         mailAddress: String,
 5:         password: String,
 6:         registerCallback: RegisterAPI.Callback) {
 7:         //非同期処理してコールバックメソッドを呼ぶ想定
 8:     }
 9:
10:     interface Callback {
11:         fun onSuccess()
12:         fun onFailure(error: String)
13:     }
14: }
```

　あえてActivityにすべての処理を入れて、太ったActivityを作ります。

リスト7.3:

```
 1: class RegisterActivity : AppCompatActivity() {
 2:     override fun onCreate(savedInstanceState: Bundle?) {
 3:         super.onCreate(savedInstanceState)
 4:         setContentView(R.layout.activity_login)
 5:
 6:         mail_address.addTextChangedListener(object : TextWatcher {
```

```kotlin
 7:            override fun afterTextChanged(s: Editable?) {
 8:                if (!Patterns.EMAIL_ADDRESS.matcher(s.toString()).matches())
{
 9:                    error_message.text = "メールアドレスを入力して下さい"
10:                } else {
11:                    error_message.text = ""
12:                }
13:            }
14:
15:            override fun beforeTextChanged(
16:                s: CharSequence?,
17:                start: Int, count:
18:                Int, after: Int) {
19:            }
20:
21:            override fun onTextChanged(
22:                s: CharSequence?,
23:                start: Int,
24:                before: Int,
25:                count: Int) {
26:            }
27:        })
28:
29:        buttonRegister.setOnClickListener {
30:            if (password.text.length < 6 ||
31:                !Pattern.matches("^[0-9a-zA-Z]+$", password.text)) {
32:                Toast.makeText(
33:                    this,
34:                    "パスワードまたはメールアドレスが不正です",
35:                    Toast.LENGTH_SHORT).show()
36:                return@setOnClickListener
37:            }
38:            if (!Patterns.EMAIL_ADDRESS
39:                .matcher(mail_address.toString()).matches()) {
40:                Toast.makeText(
41:                    this,
42:                    "パスワードまたはメールアドレスが不正です",
43:                    Toast.LENGTH_SHORT).show()
44:                return@setOnClickListener
45:            }
46:            RegisterAPI(this).register(
```

```
47:                    mail_address.text.toString(),
48:                    password.text.toString(),
49:                    object : RegisterAPI.Callback {
50:                        override fun onSuccess() {
51:                            Toast.makeText(
52:                                this@RegisterActivity,
53:                                "登録完了しました",
54:                                Toast.LENGTH_SHORT).show()
55:                        }
56:
57:                        override fun onFailure(reason: String) {
58:                            Toast.makeText(
59:                                this@RegisterActivity,
60:                                "エラーメッセージ : $reason",
61:                                Toast.LENGTH_SHORT).show()
62:                        }
63:                    })
64:            }
65:        }
66: }
```

さて、Activityにすべての処理が詰めこまれているので、これをMVPに分解していきます。

第2章「MVP化の心得」で紹介したとおり、まずViewとPresenterのインターフェースを「声に出して」抽出しましょう。

・メールアドレスが入力されたら、バリデートチェックして、違反があればリアルタイムでメールアドレスの形式エラーメッセージを表示する。形式が正しければエラーメッセージを非表示にする。

・新規登録ボタンを押したら、メールアドレスとパスワードのチェックして、バリデータエラーがあればエラーメッセージを表示する。

・新規登録ボタンを押したら、APIを呼んで新規登録を処理して、問題なければ登録完了メッセージを表示する。エラーならエラーメッセージを表示する。

これらをContractインターフェースに変換すると、次のようになります。

リスト7.4:

```
1: interface RegisterContract {
2:     interface View {
3:         fun showMailAddressFormatError()
4:         fun dismissMailAddressFormatError()
5:         fun showValidateError()
6:         fun showRegisteredSucceeded()
```

第7章　MVPを実践してみる　　47

```
 7:        fun showRegisteredError(reason:String)
 8:    }
 9:
10:    interface Presenter {
11:        fun clickRegisteredButton(mailAddress: String, password: String)
12:        fun mailAddressFormatCheck(mailAddress: String)
13:    }
14: }
```

次にPreseterの中身を肉付けします。とりあえずActivityにあったビジネスロジックをそのまま
移植してみます。

リスト7.5:

```
 1: class RegisterPresenter(
 2:    private val view: RegisterContract.View,
 3:    private val context: Context) : RegisterContract.Presenter {
 4:    override fun clickRegisteredButton(mailAddress: String, password: String)
{
 5:        if (password.length < 6 ||
 6:            !Pattern.matches("^[0-9a-zA-Z]+$", password)) {
 7:            view.showValidateError()
 8:        }
 9:        if (!Patterns.EMAIL_ADDRESS.matcher(mailAddress).matches()) {
10:            view.showValidateError()
11:        }
12:        RegisterAPI(context).register(
13:            mailAddress,
14:            password,
15:            object : RegisterAPI.Callback {
16:                override fun onSuccess() {
17:                    view.showRegisteredSucceeded()
18:                }
19:
20:                override fun onFailure(reason: String) {
21:                    view.showRegisteredError()
22:                }
23:            })
24:    }
25:
26:    override fun mailAddressFormatCheck(mailAddress: String) {
27:        if (!Patterns.EMAIL_ADDRESS.matcher(mailAddress).matches()) {
```

48 | 第7章　MVPを実践してみる

```
28:            view.showMailAddressFormatError()
29:        } else {
30:            view.dismissMailAddressFormatError()
31:        }
32:    }
33: }
```

　気づいた方も多いと思いますが、このままではこのPresenterにテストは書けないし、依存オブジェクトも存在するので駄目なコードです。修正すべきポイントは次の4つが挙げられます。

・コンストラクタにcontextを受け取っている

・RegisterAPIがnewされている

・RegisterAPIのCallbackをテストできない

・Patterns.EMAIL_ADDRESS.matcherはAndroid依存なのでUnitTestできない

これらを修正すると

リスト7.6:

```
 1: class RegisterPresenter(
 2:     private val view: RegisterContract.View,
 3:     //依存オブジェクトはコンストラクタインジェクションします
 4:     private val registerAPI: RegisterAPI,
 5:     private val validator: Validator) : RegisterContract.Presenter {
 6:
 7:     //Callbackをpublicな変数にします
 8:     val registerCallback = object : RegisterAPI.Callback {
 9:         override fun onSuccess() {
10:             view.showRegisteredSucceeded()
11:         }
12:
13:         override fun onFailure(reason: String) {
14:             view.showRegisteredError(reason)
15:         }
16:     }
17:
18:     override fun clickRegisteredButton(mailAddress: String, password: String)
{
19:         if (!validator.validatePassword(password)) {
20:             view.showValidateError()
21:             return
22:         }
23:         if (!validator.validateMailAddress(mailAddress)) {
24:             view.showValidateError()
```

第7章　MVPを実践してみる　49

```
25:            return
26:        }
27:        registerAPI.register(mailAddress, password, registerCallback)
28:    }
29:
30:    override fun mailAddressFormatCheck(mailAddress: String) {
31:        if (!validator.validateMailAddress(mailAddress)) {
32:            view.showMailAddressFormatError()
33:        } else {
34:            view.dismissMailAddressFormatError()
35:        }
36:    }
37: }
38:
39: //Validate処理をModelに切り出します
40: class Validator {
41:    fun validatePassword(password: String): Boolean {
42:        return password.length > 6 && Pattern.matches("^[0-9a-zA-Z]+$",
password)
43:    }
44:
45:    fun validateMailAddress(mailAddress: String): Boolean {
46:        return Patterns.EMAIL_ADDRESS.matcher(mailAddress).matches()
47:    }
48: }
```

となります。

　次にActivityも修正します。さきほど作成したModelを、Presenterにコンストラクタインジェクションする形で置き換えます。

リスト7.7:

```
1: class RegisterActivity : AppCompatActivity(), RegisterContract.View {
2:
3:    val presenter by lazy {
4:        RegisterPresenter(this, RegisterAPI(applicationContext), Validator())
5:    }
6:
7:    override fun onCreate(savedInstanceState: Bundle?) {
8:        super.onCreate(savedInstanceState)
9:        setContentView(R.layout.activity_login)
10:
```

```kotlin
11:            mail_address.addTextChangedListener(object : TextWatcher {
12:                override fun afterTextChanged(s: Editable?) {
13:                    presenter.mailAddressFormatCheck(s.toString())
14:                }
15:
16:                override fun beforeTextChanged(
17:                    s: CharSequence?,
18:                    start: Int, count: Int,
19:                    after: Int) {
20:                }
21:
22:                override fun onTextChanged(
23:                    s: CharSequence?,
24:                    start: Int,
25:                    before: Int,
26:                    count: Int) {
27:                }
28:            })
29:
30:            buttonRegister.setOnClickListener {
31:                presenter.clickRegisteredButton
32:                (mail_address.text.toString(),
33:                password.text.toString())
34:            }
35:        }
36:
37:        override fun showMailAddressFormatError() {
38:            error_message.text = "メールアドレスが正しくありません"
39:        }
40:
41:        override fun dismissMailAddressFormatError() {
42:            error_message.text = ""
43:        }
44:
45:        override fun showValidateError() {
46:            Toast.makeText(
47:                this,
48:                "パスワードまたはメールアドレスが不正です",
49:                Toast.LENGTH_SHORT).show()
50:        }
51:
```

```
52:    override fun showRegisteredSucceeded() {
53:        Toast.makeText(
54:            this ,
55:            "登録完了しました",
56:            Toast.LENGTH_SHORT).show()
57:    }
58:
59:    override fun showRegisteredError(reason: String) {
60:        Toast.makeText(
61:            this,
62:            "エラーメッセージ : $reason",
63:            Toast.LENGTH_SHORT).show()
64:    }
65: }
```

　ここまで置き換えるとかなりViewがスッキリし、if文がなくなりました。将来的にこのViewを instrumentTestしたくなったときも、導入しやすそうですね。

　最後にPresenterにUnitTestを書いておきます。

リスト7.8:

```
 1: class RegisterPresenterTest {
 2:
 3:     lateinit var target: RegisterPresenter
 4:     val view = mock<RegisterContract.View>()
 5:     val registerAPI = mock<RegisterAPI>()
 6:     //パスワードのチェックは実処理を走らせても問題ないのでspyにしています
 7:     val validator = spy(Validator())
 8:
 9:     @Before
10:     fun setUp() {
11:         target = RegisterPresenter(view, registerAPI, validator)
12:     }
13:
14:     @Test
15:     fun clickRegisteredButton_password6文字未満() {
16:         doReturn(true).whenever(validator)
17:             .validateMailAddress("hoge@example.com")
18:         target.clickRegisteredButton("hoge@example.com", "passw")
19:         verify(view).showValidateError()
20:     }
21:
```

```
22:     @Test
23:     fun clickRegisteredButton_password形式エラー() {
24:         doReturn(true).whenever(validator)
25:             .validateMailAddress("hoge@example.com")
26:         target.clickRegisteredButton("hoge@example.com", "passああ")
27:         verify(view).showValidateError()
28:     }
29:
30:     @Test
31:     fun clickRegisteredButton_mailaddressエラー() {
32:         doReturn(false).whenever(validator)
33:             .validateMailAddress("hoge")
34:         target.clickRegisteredButton("hoge", "password")
35:         verify(view).showValidateError()
36:     }
37:
38:     @Test
39:     fun clickRegisteredButton_正常() {
40:         doReturn(true).whenever(validator)
41:             .validateMailAddress("hoge@example.com")
42:         target.clickRegisteredButton("hoge@example.com", "password")
43:         verify(registerAPI)
44:             .register("hoge@example.com","password",target.registerCallback)
45:     }
46:
47:     @Test
48:     fun mailAddressFormatCheck_Error(){
49:         doReturn(false).whenever(validator)
50:             .validateMailAddress("hoge")
51:         target.mailAddressFormatCheck("hoge")
52:         verify(view).showMailAddressFormatError()
53:     }
54:
55:     @Test
56:     fun mailAddressFormatCheck_正常(){
57:         doReturn(true).whenever(validator)
58:             .validateMailAddress("hoge@example.com")
59:         target.mailAddressFormatCheck("hoge@example.com")
60:         verify(view).dismissMailAddressFormatError()
61:     }
62: }
```

第7章　MVPを実践してみる

このテストコードで、Presenterのすべての処理を網羅できているはずです。

ここまででMVP化への移行は完了です。クラスが巨大になればここまで簡単に移行できるとは限りませんが、Contractのインターフェースを抽出し、これまでに紹介した依存性の排除方法を使えば可能なことも多くなります。諦めずに戦って行きましょう。

本章は、少々ソースコード過多となっていますが、なんとなくでもMVPに移行する手順を理解してもらえたのではないでしょうか。今回のサンプルではテストコードを最後に追加しましたが、慣れてくればテストファーストでPresenterにテストから書き始めることも可能でしょう。

後でテストを書くとしても、Presenterのビジネスロジックの心得で述べたとおり、「static」や「new」という文字を書かなければテストは書けるはずです。この点を注意して、Presenterのロジックを書いていきましょう。それでも依存性の排除に困ったら、

・コンストラクタのパラメーター化
・メソッドのパラメーター化
・Factory Methodパターン

といったキーワードを覚えておくと、Androidでの開発で役立つ可能性が高いでしょう。

次のステップへ

もうPresenterのテストは書ききった、という方はModelやViewのテストを書いてみましょう。

理想的には、ModelのテストはModelを作った時点で書いておくのが望ましいです。さきほどのサンプルでValidatorをModelとして切り出したので、テストを簡単に書いてみます。このクラスはAndroidSDKに依存しているため、Instrument化する必要があります。そこでandroidTestパッケージ配下にテストクラスを作成する必要があります。

リスト7.9:

```
 1: @RunWith(AndroidJUnit4::class)
 2: class ValidatorTest {
 3:
 4:     lateinit var target: Validator
 5:
 6:     @Before
 7:     fun setUp() {
 8:         target = Validator()
 9:     }
10:
11:     @Test
12:     fun メールアドレスの形式が正しい() {
13:         Assert.assertTrue(target.validateMailAddress("hoge@example.com"))
14:     }
15:
16:     @Test
```

```
17:      fun メールアドレスの形式ではない() {
18:          Assert.assertFalse(target.validateMailAddress("hoge"))
19:      }
20:
21:      @Test
22:      fun パスワードが正しい() {
23:          target.validatePassword("a234567")
24:      }
25:
26:      @Test
27:      fun パスワードに使用不可な文字が含まれている() {
28:          target.validatePassword("a23456-")
29:      }
30: }
```

　Viewもテストが書けます。こちらは実際にアプリが起動してUIのテストが走ります。ソースコードがJavaになっているのは、activityRuleの変数を必ずpublicにする必要があり、kotlinだとpublic変数にできないからです。

　MVPにした場合、UIテストのアプローチとしては2つの方法があります。

　ひとつはEspressoを使用して、実際に文字入力やボタン押下などをしてもらいその結果を確認する方法、もうひとつは、ActivityのContractメソッドを呼んで、その結果を確認する方法です。

リスト7.10:

```
 1: @RunWith(AndroidJUnit4.class)
 2: public class RegisterActivityTest {
 3:     @Rule
 4:     public ActivityTestRule activityRule = new ActivityTestRule(RegisterActi
vity.class);
 5:
 6:     @Test
 7:     /**
 8:      * EspressoによるUIテスト
 9:      */
10:     public void test_メールアドレス入力エラー() {
11:         //メールアドレスに「hoge」と入力する
12:         onView(withId(R.id.mail_address)).perform(replaceText("hoge"));
13:         // 「メールアドレスが正しくありません」とエラーメッセージが表示されることを確認する
14:         onView(withId(R.id.error_message)).check(matches(withText("メールアドレ
スが正しくありません")));
15:     }
16:
```

第7章　MVPを実践してみる　｜　55

```
17:     @Test
18:     /**
19:      * 実際にContractで設定したメソッドを呼び出した結果が正しいか確認することもできます
20:      */
21:     public void test_メールアドレス入力エラー2() throws Throwable {
22:         final RegisterActivity activity =
23:                 (RegisterActivity) activityRule.getActivity();
24:         activityRule.runOnUiThread(new Runnable() {
25:             @Override
26:             public void run() {
27:                 activity.showMailAddressFormatError();
28:             }
29:         });
30:         onView(withId(R.id.error_message)).check(matches(withText("メールアドレ
スが正しくありません")));
31:     }
32: }
```

　基本的にはEspressoによるUIテストで問題ないと筆者は考えます。

　MVPはViewのメソッドがはっきり定義されているので、メソッド単位でテストケースを書く、というのもメンテナンス性を考えればよいのではないかと考えています。ただし、MVPから別の設計に移行する場合、Contractの存在はなくなることが多いので、Contractのメソッド単位でUIテストのコードを書くのは若干危険かもしれません。

　そういう意味でも、Espressoで具体的な操作を元にテストを書いておけば、他の設計に移行した場合もUIテストには影響が出ず、UnitTest部分を修正するだけで良くなります。

　どちらを選択するにしてもUIテストは複雑になりがちで変更も多いので、最初から書くことはあまりオススメしません。「もうこの画面はしばらく変更がないだろう」という状態になったときに書くぐらいでよいでしょう。そして、いざ書くとなったときにViewから可能な限りif文を排除しておけば、それだけメンテナンスもしやすくなります。

　ただでさえ高コストなテストなので、メンテナンス性だけは高めておけるように、しっかりPresenterにロジックを押し込めましょう。

あとがき

本書を手にとっていただきありがとうございます。

皆さんのAndroidプロジェクトは、テストコードを書けていますか？プロジェクト開始当初からテストコードを書く、という鉄の掟から始めていればきっと大丈夫でしょう。しかし、後から書こう、スピードが大事！というスタンスから始まったプロジェクトは、気がついたときには辛い状況になっていると思います。

そんな辛い状況を少しでもなんとかするための設計であり、テストです。本書で紹介したリファクタリング例が絶対にプログラムとして正しいとは思いませんが、それでもテストを書けないよりは書けるほうがマシだという気持ちで書いてます。ただ、「こんな設計の説明って、実際既存のコード置き換えるときはうまく出来ないってことが多いかな」と思い、筆者が実際に体験した経験を元にこの本を書いてみた次第です。皆さんのレガシーなプロジェクトの助けに少しでもなれば幸いです。

また、「こんなときどうやって依存を切り離したらいいの？」って困ってる方は、是非Twitterなどで話しかけてもらえれば一緒に考えます。最初からモダンなライブラリーを考えなしに導入するのではなく、一度初歩に立ち戻って、どうすればテストを書ける設計になるのか振り返ってみるのもいいかもしれませんね。

参考文献

- 「レガシーコード改善ガイド」
  —マイケル・C・フェザーズ著、平澤章・越智典子・稲葉信之・田村友彦・小堀真義訳、ウルシステムズ株式会社訳、監修／翔泳社刊
- 「Clean Architecture 達人に学ぶソフトウェアの構造と設計」
  —Robert C.Martin著、角 征典・高木 正弘訳／KADOKAWA刊
- 「テスト駆動開発」
  —Kent Beck著、和田 卓人訳／オーム社刊
- 「Androidアプリ設計パターン入門」
  —日高 正博・小西 裕介・藤原 聖・吉岡 毅・今井 智章著／PEAKS刊
- ちびきゃらでおぼえるデザインパターンでざぱたん
  —http://www.dezapatan.com/

中でも依存関係の排除方法については「レガシーコード改善ガイド」が参考になるので、気になった方は読んでみてください。

著者紹介

高畑 匡秀 (たかはた まさひで)

株式会社NewspicksでAndroidアプリを中心にサーバーサイドの開発もしています。テスト
コードをどうやったら書けるようになるのか考えるのが好きです。Twitter: @masahide318

◎本書スタッフ
アートディレクター/装丁：岡田章志＋GY
編集協力：飯嶋玲子
デジタル編集：栗原 翔

〈表紙イラスト〉
よろづ
会社員兼イラストレーター。かわいい女の子やマッチョやロボなど色々描きます。
https://www.pixiv.net/member.php?id=24726

技術の泉シリーズ・刊行によせて
技術者の知見のアウトプットである技術同人誌は、急速に認知度を高めています。インプレスR&Dは国内最大級の即
売会「技術書典」（https://techbookfest.org/）で頒布された技術同人誌を底本とした商業書籍を2016年より刊行
し、これらを中心とした『技術書典シリーズ』を展開してきました。2019年4月、より幅広い技術同人誌を対象とし
し、最新の知見を発信するために『技術の泉シリーズ』へリニューアルしました。今後は「技術書典」をはじめとし
た各種即売会や、勉強会・LT会などで頒布された技術同人誌を底本とした商業書籍を刊行し、技術同人誌の普及と発
展に貢献することを目指します。エンジニアの"知の結晶"である技術同人誌の世界に、より多くの方が触れていた
だくきっかけになれば幸いです。

株式会社インプレスR&D
技術の泉シリーズ 編集長 山城 敬

●お断り
掲載したURLは2018年12月1日現在のものです。サイトの都合で変更されることがあります。また、電子版では
URLにハイパーリンクを設定していますが、端末やビューアー、リンク先のファイルタイプによっては表示されない
ことがあります。あらかじめご了承ください。
●本書の内容についてのお問い合わせ先
株式会社インプレスR&D メール窓口
np-info@impress.co.jp
件名に『本書名』問い合わせ係」と明記してお送りください。
電話やFAX、郵便でのご質問にはお答えできません。返信までには、しばらくお時間をいただく場合があります。
なお、本書の範囲を超えるご質問にはお答えしかねますので、あらかじめご了承ください。
また、本書の内容についてはNextPublishingオフィシャルWebサイトにて情報を公開しております。
https://nextpublishing.jp/

●落丁・乱丁本はお手数ですが、インプレスカスタマーセンターまでお送りください。送料弊社負担 てお取り替えさせていただきます。但し、古書店で購入されたものについてはお取り替えできません。
■読者の窓口
インプレスカスタマーセンター
〒 101-0051
東京都千代田区神田神保町一丁目 105番地
TEL 03-6837-5016／FAX 03-6837-5023
info@impress.co.jp
■書店／販売店のご注文窓口
株式会社インプレス受注センター
TEL 048-449-8040／FAX 048-449-8041

技術の泉シリーズ
テストが書けない人のAndroid MVP

2018年12月28日　初版発行Ver.1.0（PDF版）
2019年4月12日　　Ver.1.1

著　者　高畑 匡秀
編集人　山城 敬
発行人　井芹 昌信
発　行　株式会社インプレスR&D
　　　　〒101-0051
　　　　東京都千代田区神田神保町一丁目105番地
　　　　https://nextpublishing.jp/
発　売　株式会社インプレス
　　　　〒101-0051　東京都千代田区神田神保町一丁目105番地

●本書は著作権法上の保護を受けています。本書の一部あるいは全部について株式会社インプレスR&Dから文書による許諾を得ずに、いかなる方法においても無断で複写、複製することは禁じられています。

©2018 Masahide Takahata. All rights reserved.
印刷・製本　京葉流通倉庫株式会社
Printed in Japan

ISBN978-4-8443-9871-4

Next Publishing®
●本書はNextPublishingメソッドによって発行されています。
NextPublishingメソッドは株式会社インプレスR&Dが開発した、電子書籍と印刷書籍を同時発行できるデジタルファースト型の新出版方式です。https://nextpublishing.jp/